AF611633

MÉMOIRE

SUR

La Détermination de la surface courbe des ondes lumineuses dans un milieu dont l'élasticité est différente suivant les trois directions principales, c'est-à-dire celles où la force produite par l'élasticité a lieu dans la direction même du déplacement des molécules de ce milieu.

PAR M. AMPÈRE,

DE L'ACADÉMIE ROYALE DES SCIENCES DE PARIS, DES SOCIÉTÉS ROYALES DE LONDRES ET D'ÉDIMBOURG, DE LA SOCIÉTÉ HELVÉTIENNE DES SCRUTATEURS DE LA NATURE, DE LA SOCIÉTÉ PHILOSOPHIQUE DE CAMBRIDGE, DE LA SOCIÉTÉ PHILOMATIQUE ET DE CELLE DE PHYSIQUE ET D'HISTOIRE NATURELLE DE GENÈVE, DES ACADÉMIES ROYALES DE BRUXELLES, DE LISBONNE, DE MADRID ET DE LYON, CORRESPONDANT DE L'ACADÉMIE DE BERLIN, INSPECTEUR GÉNÉRAL DES ÉTUDES, PROFESSEUR AU COLLÉGE DE FRANCE, EX-PROFESSEUR D'ANALYSE ET DE MÉCANIQUE A L'ÉCOLE POLYTECHNIQUE.

(Extrait des *Annales de Chimie et de Physique*, 1828.)

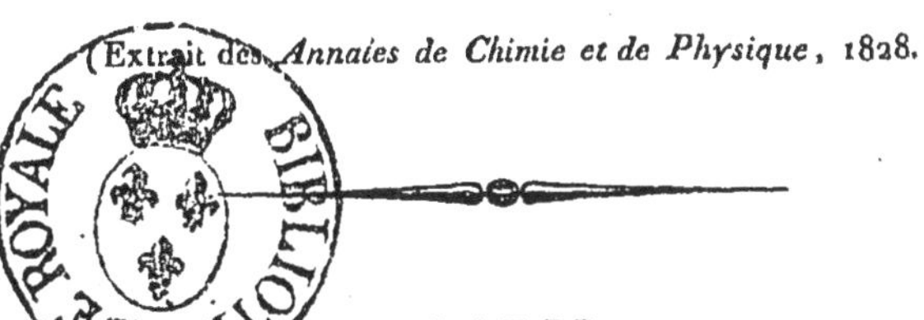

PARIS.

CHEZ BACHELIER, LIBRAIRE, QUAI DES AUGUSTINS, N° 55.

1828.

DE L'IMPRIMERIE DE C. THUAU,
rue du Cloître Saint-Benoît, n° 4.

MÉMOIRE

SUR

La détermination de la surface courbe des ondes lumineuses dans un milieu dont l'élasticité est différente suivant les trois directions principales, c'est-à-dire celles où la force produite par l'élasticité a lieu dans la direction même du déplacement des molécules de ce milieu.

Quand on suppose que la lumière passe d'un milieu cristallisé dans un autre qui l'est également, c'est de la connaissance de la surface courbe de l'onde lumineuse, tant dans le milieu dont elle sort que dans le milieu où elle entre, qu'on déduit la direction de chacun des deux rayons réfractés dans laquelle se divise en général chacun des deux rayons incidens, qui peuvent suivre la même direction dans le premier milieu; on y parvient aisément au moyen d'une construction donnée par Huygens pour le cas particulier où le rayon sort d'un milieu dont l'élasticité est la même en tous sens, et entre dans un milieu dont deux des trois élasticités principales sont égales entre elles. Alors la surface de l'onde lumineuse est sphérique dans le premier milieu, et se compose, dans le second, de l'assemblage d'une surface sphérique et de celle d'un ellipsoïde de révolution. On sait que Laplace démontra, seulement pour ce dernier cas, que cette construction résultait, dans l'hypothèse de l'émission, du principe de la moindre action; son calcul ne s'appliquait qu'au cas de l'ellipsoïde, puisqu'il y employait l'équation de l'ellipse génératrice; mais, dans une Note que je lus en 1814 à l'Académie, je donnai une démonstration générale de cette même construction, étendue à tous les milieux cristallisés. J'y partais encore du principe de la moindre action dans l'hypothèse de l'émission, mais on sait que tous les calculs fondés dans cette hypothèse sur ce principe se traduisent immédiatement dans le système des ondes par le simple renversement de l'expression de la vitesse. On peut donc considérer la démonstration générale dont je parle, de la construction d'Huygens étendue à tous les milieux possibles, comme suffisant pour donner la direction des deux rayons réfractés, correspondans à chacun des deux rayons incidens qui peuvent suivre une direction donnée, lorsque le milieu d'où la lumière sort n'a pas ses trois élasticités principales égales entre elles. Mais il faut, pour en faire usage, connaître les surfaces courbes des ondes lumineuses, tant dans ce milieu que dans celui où la lumière entre. Dans l'admirable Mémoire de Fresnel sur la double réfraction, imprimé dans le tome VII des *Mémoires de l'Académie*, et où ce grand physicien a fondé sur des bases désormais inébranlables la vraie théorie de la lumière, il s'est occupé de la détermination de la surface courbe des ondes lumineuses dans un milieu quelconque. Voici, à cet égard, les résultats de son travail :

En représentant par a^2, b^2, c^2 trois constantes proportionnelles aux trois élasticités principales du milieu, par x, y, z les trois coordonnées d'un point quelconque de la surface de l'onde rapportée aux directions de ces élasticités principales prises pour axes, par m la dérivée de z en faisant varier x seul, et par n sa dérivée en ne faisant varier que y, enfin par v la perpendiculaire abaissée de l'origine sur le plan tangent au point dont les coordonnées sont x, y, z, en sorte que, comme l'observe Fresnel,

$$v = \frac{z - mx - ny}{\sqrt{1 + m^2 + n^2}};$$

il démontre, à la page 132 de son Mémoire, qu'on a, pour déterminer v, l'équation

$$(a^2-v^2)(c^2-v^2)n^2 + (b^2-v^2)(c^2-v^2)m^2 + (a^2-v^2)(b^2-v^2) = 0,$$

d'où il conclut avec raison qu'en substituant la valeur de v^2 tirée de cette équation en fonction de m et de n dans

$$(z - mx - ny)^2 = v^2(1 + m^2 + n^2),$$

on a une équation telle qu'en y regardant m et n comme des constantes, elle est l'équation commune à tous les plans tangens à la surface de l'onde, et qu'en éliminant m et n entre cette équation et ses deux dérivées partielles obtenues, l'une en ne faisant varier que m, et l'autre en ne faisant varier que n, elle devient l'équation de la surface cherchée.

Croyant que cette élimination exigeait des calculs trop compliqués pour pouvoir être exécutée, Fresnel forme une autre équation des trois entre lesquelles il s'agissait d'éliminer *m* et *n*; mais il n'en fait pas non plus usage pour arriver à l'équation cherchée en x, y, z; il détermine celle-ci en supposant qu'elle ne peut être que du quatrième degré, en calculant les équations des intersections de la surface de l'onde avec les trois plans coordonnés, et en prenant l'équation du quatrième degré qui satisfait à la condition que la surface qu'elle exprime passe par ces intersections. L'auteur reconnaît que cette marche ne donne aucune certitude que cette équation soit celle de la surface de l'onde, puisque rien ne prouve que l'équation de cette surface ne soit que du quatrième degré; c'est pourquoi il dit qu'il s'est assuré, par des calculs tellement longs et fastidieux qu'il n'a pas cru devoir les transcrire dans son Mémoire, qu'en partant de l'équation du quatrième degré entre x, y, z, on vérifie la combinaison des trois équations entre x, y, z, m, n, dont je viens de parler.

Si c'était l'équation qui représente tous les plans tangens qui eût été vérifiée ainsi, on pourrait regarder l'équation entre x, y, z, comme suffisamment démontrée *à posteriori*; mais comme ce n'est qu'une combinaison arbitraire de cette équation et de ses deux dérivées partielles, prises l'une par rapport à m, l'autre relativement à n, qui l'a été, cette preuve de l'exactitude de l'équation obtenue pour la surface de l'onde me paraît tout-à-fait incomplète; cependant cette équation est exacte, et même assez facile à obtenir directement; c'est à quoi je suis parvenu en mettant sous la forme la plus commode pour le calcul l'équation commune aux plans tangens de la surface de l'onde, et en prenant les deux dérivées partielles de cette équation, relativement aux deux quantités m et n, que j'ai remplacées par p et par q, pour me conformer à l'usage général de désigner ainsi la dérivée de z prise en ne faisant varier que x, et celle qu'on obtient en faisant seulement varier y. En essayant diverses combinaisons de ces trois équations, j'en ai trouvé qui rendent assez facile l'élimination que Fresnel avait cru exiger des calculs si longs qu'il était comme impossible de les exécuter. Ceux qui me sont nécessaires pour atteindre ce but présentent d'ailleurs une symétrie qui les rend faciles à suivre; ils conduisent, en dernière analyse, précisément à l'équation du quatrième degré entre x, y, z, donnée par Fresnel pour la surface courbe de l'onde lumineuse dans les milieux dont les trois élasticités principales sont différentes entre elles : en sorte que l'exactitude de cette équation ne peut plus être sujette à aucune difficulté.

Tel est l'objet du second paragraphe de ce Mémoire; dans le premier, j'ai calculé l'équation commune à tous les plans tangens par un procédé qui m'a paru plus simple, ou du moins plus facile à suivre que celui qu'a employé Fresnel; et dans le troisième, j'ai démontré un théorème dont ce grand physicien fait usage, sans le démontrer directement, pour trouver l'équation de la surface de l'onde. Je m'étais proposé de reprendre, dans un quatrième paragraphe, la démonstration d'Huygens généralisée pour toutes sortes de milieux; de la simplifier et de l'exposer dans le système des ondes, en y introduisant la considération des plans suivant lesquels on peut supposer que la lumière que l'on considère est polarisée; mais je n'ai pas eu le temps d'achever la rédaction de ce paragraphe, et c'est pourquoi on ne le trouvera point ici.

§ Ier. *Recherche de l'Équation commune à tous les plans tangens de la surface de l'onde.*

Soit 1° a la vitesse correspondante à un déplacement suivant l'axe OA de x, la force de l'élasticité suivant cet axe sera $\mu\ a^2\ \sigma$ pour un déplacement $= \sigma$, portons a de O en a' et de O en a'' sur les deux autres axes; 2° b la vitesse correspondante à un déplacement suivant l'axe OB des y, la force suivant cet axe sera $\mu\ b^2\ \sigma$ pour le déplacement σ, portons b de O en b et de O en b'' sur les deux autres axes; 3° c la vitesse correspondante à un déplacement suivant l'axe OC des z, la force, suivant cet axe, sera $\mu\ c^2\ \sigma$ pour le déplacement σ portons c de O en c et de O en c' sur les deux autres axes.

D'après la loi de la propagation de la lumière découverte par Fresnel, une onde plane dans le plan BOC arrivera, dans une unité de temps, en b si ses oscillations sont parallèles à OB, en c si elles le sont à OC; et dans le cas où les oscillations seraient dans une direction intermédiaire, l'onde plane se partagerait en deux autres, dont l'une arriverait dans l'unité de temps en b, l'autre en c. Les points a' et c' sont de même ceux où arrivent, dans une unité de temps, les ondes planes situées dans le plan AOC, soit qu'elles se partagent en deux ou non; et les points a'' et b'' ceux où arrivent dans le même temps les ondes planes situées dans le plan AOB.

Les six points b, c, a', c', a'', b'', sont donc tous sur la surface courbe de l'onde partant du point O, surface qui touche toutes les positions qu'une onde plane quelconque partie du point O occupe au bout d'une unité de temps.

Considérons cette onde quelconque dans le plan EOF perpendiculaire à OS, la vitesse, suivant OS, sera due à la composante de la force produite par un déplacement σ dans le plan EOF, par exemple, suivant OE qui se trouve dans ce plan. Nommons α, β, γ, les angles que forme OE avec les trois axes, ce déplacement pourra être remplacé par trois autres, savoir : $\sigma \cos \alpha$ suivant OA, $\sigma \cos \beta$ suivant OB, $\sigma \cos \gamma$ suivant OC, d'où résulteront dans les mêmes directions trois forces respectivement égales à $\mu a^2 \sigma \cos \alpha$, $\mu b^2 \sigma \cos \beta$, $\mu c^2 \sigma \cos \gamma$, en sorte que leur résultante

$$R = \mu\sigma \sqrt{a^4 \cos^2 \alpha + b^4 \cos^2 \beta + c^4 \cos^2 \gamma},$$

et que les trois cosinus des angles ξ, η, ζ, que forme la direction RO de cette résultante avec les trois axes sont

$$\cos \xi = \frac{\mu\sigma a^2 \cos \alpha}{R} = \frac{a^2 \cos \alpha}{r^2},$$

$$\cos \eta = \frac{\mu\sigma b^2 \cos \beta}{R} = \frac{b^2 \cos^2 \beta}{r^2},$$

$$\cos \zeta = \frac{\mu\sigma c^2 \cos \gamma}{R} = \frac{c^2 \cos \gamma}{r^2},$$

en faisant $\sqrt{a^4 \cos^2 \alpha + b^4 \cos^2 \beta + c^4 \cos^2 \gamma} = r^2$.

Il suit de là qu'en nommant ε l'angle que forme la direction de cette résultante avec la droite OE, on a

$$\cos\varepsilon = \cos\alpha\cos\xi + \cos\beta\cos\eta + \cos\gamma\cos\zeta,$$

ou

$$\cos\varepsilon = \frac{\mu\sigma(a^2\cos^2\alpha + b^2\cos^2\beta + c^2\cos^2\gamma).}{R}$$

La résultante étant décomposée en deux autres forces, l'une suivant EO, égale à $R\cos\varepsilon$, ou à $\mu\sigma(a^2\cos^2\alpha + b^2\cos^2\beta + c^2\cos^2\gamma)$, et l'autre perpendiculaire à EO et égale à $R\sin\varepsilon$; si la résultante est dans le plan EOS, la composante $R\sin\varepsilon$ perpendiculaire à OE sera aussi dans ce plan, et par conséquent dirigée suivant OS perpendiculaire à l'onde plane; elle ne contribuera donc en rien à la propagation de cette onde, propagation dont la vitesse due à la seule force $R\cos\varepsilon = \mu\sigma(a^2\cos^2\alpha + b^2\cos^2\beta + c^2\cos^2\gamma)$, sera

$$\sqrt{a^2\cos^2\alpha + b^2\cos^2\beta + c^2\cos^2\gamma},$$

puisque les forces $\mu\sigma a^2$, $\mu\sigma b^2$, $\mu\sigma c^2$ produisent les vitesses a, b, c.

Dans ce cas, en prenant

$$OS = \sqrt{a^2\cos^2\alpha + b^2\cos^2\beta + c^2\cos^2\gamma},$$

et élevant en S le plan SMT perpendiculaire à OS, et par conséquent parallèle à EOF, on aura la situation de l'onde plane EOF au bout de l'unité de temps; ce plan SMT sera donc tangent à la surface courbe cherchée.

Si M est le point de contact, et que les coordonnées de ce point soient x, y, z; en nommant p et q les dérivées de z par rapport à x et à y, et W la perpendiculaire OS abaissée de l'origine O sur le plan tangent, perpendiculaire que Fresnel désigne dans son Mémoire par la lettre ν, qui a pour valeur

$$\frac{z-px-qy}{\sqrt{1+p^2+q^2}},$$

et qui forme avec les trois axes des angles, que nous représenterons par ξ, η, ζ, dont les cosinus sont

$$\frac{-p}{\sqrt{1+p^2+q^2}}, \frac{-q}{\sqrt{1+p^2+q^2}}, \frac{1}{\sqrt{1+p^2+q^2}},$$

on aura

$$W^2 = \frac{(z-px-qy)^2}{1+p^2+q^2} = a^2\cos^2\alpha + b^2\cos^2\beta + c^2\cos^2\gamma.$$

Il faut d'abord démontrer qu'il y a toujours deux directions, et qu'il n'y en a que deux à donner à un plan EOS passant par la direction donnée OS, pour que la résultante produite par le déplacement OE soit dans le plan EOS.

Il faut pour cela que les trois droites OS, OE, OR, dont les angles avec les trois axes ont respectivement pour cosinus

$$-\frac{p}{\sqrt{1+p^2+q^2}}, -\frac{q}{\sqrt{1+p^2+q^2}}, \frac{1}{\sqrt{1+p^2+q^2}};$$

$$\cos\alpha, \qquad \cos\beta, \qquad \cos\gamma;$$

$$\frac{a^2\cos\alpha}{r^2}, \qquad \frac{b^2\cos\beta}{r^2}, \qquad \frac{c^2\cos\gamma}{r^2};$$

soient toutes trois perpendiculaires à une même droite. Si nous représentons par λ, μ, ν, les angles que cette droite formé avec les trois axes, nous aurons, par le théorème de Lagrange,

$$\cos\lambda : \cos\mu : \cos\nu :: (b^2 - c^2)\cos\beta\cos\nu : (c^2 - a^2)\cos\alpha\cos\gamma : (a^2 - b^2)\cos\alpha\cos\beta ;$$

et comme la droite, dont les angles sont ξ, η, ζ, est à la fois perpendiculaire sur cette droite, et sur celle dont les angles sont α, β, γ, on a par le même théorème

$$\cos\xi : \cos\eta : \cos\zeta :: \left[(c^2-a^2)\cos^2\gamma-(a^2-b^2)\cos^2\beta\right]\cos\alpha : \left[(a^2-b^2)\cos^2\alpha-(b^2-c^2)\cos^2\gamma\right]\cos\beta : \left[(b^2-c^2)\cos^2\beta-(c^2-a^2)\cos^2\alpha\right]\cos\gamma.$$

Mais les deux équations

$$W^2 = a^2\cos^2\alpha + b^2\cos^2\beta + c^2\cos^2\gamma,$$
$$1 = \cos^2\alpha + \cos^2\beta + \cos^2\gamma$$

donnent

$$W^2 - a^2 = (c^2 - a^2)\cos^2\gamma - (a^2 - b^2)\cos^2\beta,$$
$$W^2 - b^2 = (a^2 - b^2)\cos^2\alpha - (b^2 - c^2)\cos^2\gamma,$$
$$W^2 - c^2 = (b^2 - c^2)\cos^2\beta - (c^2 - a^2)\cos^2\alpha,$$

d'où il suit que

$$\cos\xi : \cos\eta : \cos\zeta :: (W^2-a^2)\cos a : (W^2-b^2)\cos B : (W^2-c^2)\cos\gamma ;$$

et comme on peut diviser les deux termes de chaque rapport par une même quantité sans en changer la valeur,

$$\cos\alpha : \cos\beta : \cos : \gamma :: \frac{\cos\xi}{W^2-a^2} : \frac{\cos\eta}{W^2-b^2} : \frac{\cos\zeta}{W^2-c^2} ;$$

mais

$$\cos\alpha\cos\xi + \cos\beta\cos\eta + \cos\gamma\cos\zeta = 0,$$

on a donc

$$\frac{\cos^2\xi}{W^2-a^2} + \frac{\cos^2\eta}{W^2-b^2} + \frac{\cos^2\zeta}{W^2-c^2} = 0,$$

c'est-à-dire

$$(W^2-b^2)(W^2-c^2)\cos^2\xi+(W^2-a^2)(W^2-c^2)\cos^2\eta+(W^2-a^2)(W^2-b^2)\cos^2\zeta=0,$$

ou

$$W^4-[(b^2+c^2)\cos^2\xi+(a^2+c^2)\cos^2\eta+(a^2+b^2)\cos^2\zeta]W^2+b^2c^2\cos^2\xi+a^2c^2\cos^2\eta+a^2b^2\cos^2\zeta=0,$$

cette équation donnera deux valeurs de W^2, auxquelles répondront celles des cosinus des angles α, β, γ, compris entre la direction de l'oscillation et les trois axes; en mettant, au lieu de $\cos\xi$, $\cos\eta$, $\cos\zeta$, leurs valeurs en p et en q, et en faisant pour abréger,

$$\sqrt{1+p^2+q^2}\sqrt{\frac{\cos^2\xi}{(W^2-a^2)^2}+\frac{\cos^2\eta}{(W^2-b^2)^2}+\frac{\cos^2\zeta}{(W^2-c^2)^2}}=D,$$

celles des trois cosinus cherchés deviendront

$$\cos\alpha=\frac{\cos\xi\sqrt{1+p^2+q^2}}{D(W^2-a^2)}=-\frac{p}{D(W^2-a^2)},$$

$$\cos\beta=\frac{\cos\eta\sqrt{1+p^2+q^2}}{D(W^2-b^2)}=-\frac{q}{D(W^2-b^2)},$$

$$\cos\gamma=\frac{\cos\zeta\sqrt{1+p^2+q^2}}{D(W^2-c^2)}=\frac{1}{D(W^2-c^2)}.$$

Les mêmes substitutions changeront l'équation en W en celle-ci :

$$(1+p^2+q^2)W^4-[(b^2+c^2)p^2+(a^2+c^2)q^2+a^2+b^2]W^2+b^2c^2p^2+a^2c^2q^2+a^2b^2=0,$$

mais

$$W=\frac{z-px-qy}{\sqrt{1+p^2+q^2}},$$

donc

$$(z-px-qy)^4-[(b^2+c^2)p^2+(a^2+c^2)q^2+a^2+b^2](z-px-qy)^2+(1+p^2+q^2)(b^2c^2p^2+a^2c^2q^2+a^2b^2)=0.$$

Pour résoudre plus facilement l'équation

$$(z-px-qy)^4-[(c^2+b^2)p^2+(a^2+c^2)q^2+a^2+b^2]$$
$$(z-px-qy)^2=-(p^2+q^2+1)(b^2c^2p^2+a^2c^2q^2+a^2b^2),$$

je fais

$$c^2p^2+a^2q^2+a^2=A,$$
$$b^2p^2+c^2q^2+b^2=B,$$

ce qui donne

$$(c^2+b^2)p^2+(a^2+c^2)q^2+a^2+b^2=A+B,$$

$$(p^2+q^2+1)(b^2c^2p^2+a^2c^2q^2+a^2b^2)=\frac{B-(c^2-b^2)q^2}{b^2}$$

$$[Ab^2+a^2(c^2-b^2)q^2]=AB+\frac{(c^2-b^2)q^2}{b^2}[Ba^2-Ab^2-$$

$$a^2(c^2-b^2)q^2]=AB+\frac{(c^2-b^2)q^2}{b^2}[b^2(a^2-c^2)p^2+a^2(c^2-b^2]q^2$$

$$-a^2(c^2-b^2)q^2]=AB+(c^2-b^2)(a^2-c^2)p^2q^2,$$

ainsi

$$(z-px-qy)^4-(A+B)(z-px-qy)^2=-AB-$$
$$(c^2-b^2).(a^2-c^2)p^2q^2;$$

ce qui donne [A]

$$(z-px-qy)^2=\tfrac{1}{2}[A+B\pm\sqrt{(A-B)^2-4(c^2-b^2)(a^2-c^2)p^2q^2}]$$
$$=\tfrac{1}{2}[(c^2+b^2)p^2+(a^2+c^2)q^2+a^2+b^2\pm$$
$$\sqrt{[(c^2-b^2)p^2+(a^2-c^2)q^2+a^2-b^2]^2-4(c^2-b^2)(a^2-c^2)p^2q^2}].$$

Telle est l'équation commune à tous les plans tangens.

§ II. *Recherche de l'équation de la courbe de l'onde.*

Soit $x=x'\sqrt{c^2-b^2}$, $y=y'\sqrt{a^2-c^2}$, $z=z'\sqrt{a^2-b^2}$, et p' et q' les deux dérivées de z' par rapport à x' et y', on aura

$$p dx' \sqrt{c^2-b^2}+q dy' \sqrt{a^2-c^2}=p dx+q dy=dz=$$

$$dz' \sqrt{a^2-b^2}=p' dx' \sqrt{a^2-b^2}+q' dy' \sqrt{a^2-b^2},$$

ainsi

$$p=\frac{p' \sqrt{a^2-b^2}}{\sqrt{c^2-b^2}},\ q=\frac{\sqrt{a^2-b^2}}{\sqrt{a^2-c^2}},$$

donc

$$1^{\circ}.\ z-px-qy=(z'-p'x'-q'y') \sqrt{a^2-b^2},$$

$$2^{\circ}.\ (c^2+b^2) p^2+(a^2+c^2) q^2+a^2+b^2=$$

$$(a^2-b^2) \left\{ \frac{c^2+b^2}{c^2-b^2} p'^2+\frac{a^2+c^2}{a^2-c^2} q'^2+\frac{a^2+b^2}{a^2-b^2} \right\}$$

$$3^{\circ}.\ (c^2-b^2) p^2+(a^2-c^2) q^2+a^2-b^2=$$
$$(a^2-b^2)(p'^2+q'^2+1),$$

$$4^{\circ}.\ (c^2-b^2)(a^2-c^2) p^2 q^2=(a^2-b^2)^2 p'^2 q'^2.$$

Ces valeurs, substituées dans l'équation [A], donnent, en supprimant le facteur commun a^2-b^2, celle-ci [B]

$$(z'-px'-qy')^2=\tfrac{1}{2}\left\{\frac{c^2+b^2}{c^2-b^2} p'^2+\frac{a^2+c^2}{a^2-c^2} q'^2+\frac{a^2+b^2}{a^2-b^2} \pm \right.$$

$$\left. \sqrt{(p'^2+q'^2+1)^2-4p'^2 q'^2} \right\}=$$

$$\tfrac{1}{2}\left[g p'^2+h q'^2+k \pm \sqrt{(p'^2+q'^2+1)^2-4p'^2 q'^2}\right],$$

en faisant, pour abréger,

$$\frac{c^2+b^2}{c^2-b^2}=g,\ \frac{a^2+c^2}{a^2-c^2}=h,\ \frac{a^2+b^2}{a^2-b^2}=k.$$

Il existe entre ces trois constantes une relation qu'on trouve ainsi

$$\frac{gh+1}{g+h}=\frac{(a^2+c^2)(c^2+b^2)+(a^2-c^2)(c^2-b^2)}{(a^2+c^2)(c^2-b^2)+(c^2+b^2)(a^2-c^2)}=$$

$$\frac{c^4+c^2(a^2+b^2)+a^2b^2-c^4+c^2(a^2+b^2)-a^2b^2}{c^4+c^2(a^2-b^2)-a^2b^2-c^4+c^2(a^2-b^2)+a^2b^2}$$

$$=\frac{2c^2(a^2+b^2)}{2c^2(a^2-b^2)}=k.$$

Il faudrait faire les mêmes substitutions dans les deux équations qu'on obtiendrait en faisant varier alternativement p et q seulement; mais comme p et q ne diffèrent de p' et de q' que par des coëfficiens constans, on obtiendra plus facilement les mêmes équations en faisant varier p' et q' seulement dans l'équation [B]. Si l'on fait ce calcul en supprimant les accens pour abréger, sauf à remplacer ensuite x, y et z par

$$\frac{x}{\sqrt{c^2-b^2}},\ \frac{y}{\sqrt{a^2-c^2}}\ \text{et}\ \frac{z}{\sqrt{a^2-b^2}},$$

on aura

$$x=-\frac{1}{2(z-px-qy)}\left\{gp\pm\frac{2(p^2+q^2+1)p-4pq^2}{2\sqrt{\text{etc.}}}\right\},$$

ou

$$x=-\frac{p}{2(z-px-qy)}\left\{g\pm\frac{1+p^2-q^2}{\sqrt{\text{etc.}}}\right\},$$

et

$$y=-\frac{1}{2(z-px-qy)}\left\{hq\pm\frac{2(p^2+q+1)q-4p^2q}{2\sqrt{\text{etc.}}}\right\},$$

ou

$$y=-\frac{q}{2(z-px-qy)}\left\{h\pm\frac{1+q^2-p^2}{\sqrt{\text{etc.}}}\right\};$$

on tire de ces valeurs

$$px+qy=-\frac{1}{2(z-px-qy)}\left\{gp^2\pm\frac{(p^2+q^2+1)p^2-2p^2q^2}{\sqrt{\text{etc.}}}+\right.$$

$$\left.hq^2\pm\frac{(p^2+q^2+1)q^2-2p^2q^2}{\sqrt{\text{etc.}}}\right\},$$

c'est-à-dire

$$px+qy=-\frac{1}{2(z-px-qy)}\left\{gp^2+hq^2\pm\right.$$

$$\left.\frac{(p^2+q^2+1)(p^2+q^2)-4p^2q^2}{\sqrt{(1+p^2+q^2)^2-4p^2q^2}}\right\},$$

mais

$$z-px-qy=\frac{1}{2(z-px-qy)}\left\{gp^2+hq^2+k\pm\right.$$

$$\left.\frac{(1+p^2+q^2)^2-4p^2q^2}{\sqrt{(1+p^2+q^2)^2-4p^2q^2}}\right\},$$

en ajoutant cette équation à la précédente, il vient

$$z=\frac{1}{2(z-px-qy)}\left\{k\pm\frac{1+p^2+q^2}{\sqrt{\text{etc.}}}\right\}.$$

Pour éliminer p et q, on déduit des valeurs que nous venons de trouver pour x, y, z

$$\frac{x}{p}=-\frac{1}{2(z-px-qy)}\left\{g\pm\frac{1+p^2-q^2}{\sqrt{\text{etc.}}}\right\},$$

$$\frac{y}{q}=-\frac{1}{2(z-px-qy)}\left\{h\pm\frac{1+q^2-p^2}{\sqrt{\text{etc.}}}\right\},$$

$$z=\frac{1}{2(z-px-qy)}\left\{k\pm\frac{1+p^2+q^2}{\sqrt{\text{etc.}}}\right\},$$

et l'on en conclut

$$\frac{xy}{pq}=\frac{1}{4(z-px-qy)^2}\left\{gh\pm\frac{g+gq^2-gp^2+h+hp^2-hq^2}{\sqrt{\text{etc.}}}+\right.$$

$$\left.\frac{1-p^4-q^4+2p^2q^2}{\sqrt{\text{etc.}}}\right\},$$

$$\frac{xz}{p}=-\frac{1}{4(z-px-qy)^2}\left\{gk\pm\frac{g+gp^2+gq^2+k+kp^2-kq^2}{\sqrt{\text{etc.}}}+\right.$$

$$\left.\frac{1+2p^2+p^4-q^4}{\sqrt{\text{etc.}}}\right\},$$

$$\frac{yz}{q}=-\frac{1}{4(z-px-qy)^2}\left\{hk\pm\frac{h+hp^2+hq^2+k+kq^2-kp^2}{\sqrt{\text{etc.}}}+\right.$$

$$\left.\frac{1+2q^2+q^4-p^4}{\sqrt{\text{etc.}}}\right\}.$$

En ajoutant ces trois équations, on a

$$\frac{xy}{pq}+\frac{xz}{p}+\frac{yz}{q}=-\frac{1}{4(z-px-qy)^2}\left\{k(g+h)-gh\pm\right.$$

$$\left.\frac{2gp^2+2hq^2+2k}{\sqrt{\text{etc.}}}+\frac{1+2p^2+2q^2+p^4+q^4-2p^2q^2}{(1+p^2+q^2)^2-4p^2q^2}\right\}$$

$$=-\frac{1}{4(z-px-qy)^2}\left\{k(g+h)-gh+1\pm\frac{2(gp^2+hq^2+k)}{\sqrt{\text{etc.}}}\right\}$$

$$=-\frac{1}{2(z-px-qy)^2}\left\{1\pm\frac{gp^2+hq^2+k}{\sqrt{\text{etc.}}}\right\},$$

parce que $k(g+h)-gh=1$.

En réduisant au même dénominateur, et en se rappelant que

$$2(z-px-qy)^2=gp^2+hq^2+k\pm\sqrt{\text{etc.}},$$

on trouve

$$\frac{xy}{pq}+\frac{xz}{p}+\frac{yz}{q}=\mp\frac{1}{\sqrt{(1+p^2+q^2)^2-4p^2q^2}}.$$

Or

$$1^\circ.\ qx+py=\frac{-pq}{2(z-px-qy)}\left(g+h\pm\frac{2}{\sqrt{\text{etc.}}}\right)=$$

$$-\frac{pq}{2(z-px-qy)}\left\{g+h-2\left(\frac{xy}{pq}+\frac{xz}{p}+\frac{yz}{q}\right)\right\}=$$

$$-\frac{(g+h)pq}{2(z-px-qy)}+\frac{xy+qxz+pyz}{z-px-qy},$$

et par conséquent

$$\frac{(g+h)pq}{2(z-px-qy)}=\frac{xy+qxz+pyz}{z-px-qy}-qx-py=$$

$$\frac{xy+(px+qy)(qx+py)}{z-px-qy},$$

qu'on peut écrire ainsi

$$\tfrac{1}{2}(g+h)pq=(x^2+y^2)pq+xy(1+p^2+q^2),$$

d'où

$$\frac{\frac{1}{2}(g+h)-x^2-y^2}{xy}=\frac{1+p^2+q^2}{pq};$$

$$2^\circ.\ x+pz=\frac{1}{2(z-px-qy)}\left\{(k-g)p\pm\frac{2pq^2}{\sqrt{\text{etc.}}}\right\}$$

$$=\frac{1}{2(z-px-qy)}[(k-g)p-2q(xy+qxz+pyz)],$$

et

$$\frac{(k-g)p}{2(z-px-qy)}=\frac{qy(x+pz)+q^2xz}{z-px-qy}+x+pz=$$

$$\frac{(z-px)(x+pz)+q^2xz}{z-px-qy},$$

on a donc

$$\tfrac{1}{2}(k-g)p=xz(1-p^2+q^2)+p(z^2-x^2),$$

ou

$$\frac{\frac{1}{2}(k-g)+x^2-z^2}{xz}=\frac{1+q^2-p^2}{p};$$

3°. $$y+qz=\frac{1}{2(z-px-qy)}\left\{(k-h)q\pm\frac{2p^2q}{\sqrt{\text{etc.}}}\right\}$$

$$=\frac{1}{2(z-px-qy)}\left\{(k-h)q-2p(xy+qxz+pyz)\right\},$$

et

$$\frac{(k-h)q}{2(z-px-qy)}=\frac{px(y+qz)+p^2yz}{z-px-qy}+y+qz$$

$$=\frac{(z-qy)(y+qz)+p^2yz}{z-px-qy},$$

on a donc

$$\tfrac{1}{2}(k-h)q=yz(1-q^2+p^2)+q(z^2-y^2),$$

ou

$$\frac{\frac{1}{2}(k-h)+y^2-z^2}{yz}=\frac{1+p^2-q^2}{q}.$$

Maintenant il est bien aisé d'éliminer p et q; en faisant, pour abréger,

$$\frac{\frac{1}{2}(k-h)+y^2-z^2}{yz}=\frac{1+p^2-q^2}{q}=T,$$

$$\frac{\frac{1}{2}(k-g)+x^2-z^2}{xz}=\frac{1+q^2-p^2}{p}=U,$$

$$\frac{\frac{1}{2}(g+h)-x^2-y^2}{xy}=\frac{1+q^2+p^2}{pq}=V,$$

on a

$$Tq+Up=2,$$
$$Vp-T=2q,$$

$$Vq - U = 2p,$$

d'où l'on tire

$$Vp - 2q = T,\ Vq - 2p = U,$$

$$(V^2 - 4)p = TV + 2U,\ (V^2 - 4)q = UV + 2T;$$

ainsi

$$(V^2 - 4)(Tq + Up) = 2TUV + 2T^2 + 2U^2,$$

et à cause de $Tq + Up = 2$,

$$T^2 + U^2 - V^2 + TUV + 4 = 0.$$

Or, comme k est plus petit que h et g, quand on suppose $a > c > b$, comme je le fais ici pour que l'axe de z réponde à celle des trois élasticités principales qui est moyenne entre les deux autres, on doit écrire

$$T = -\frac{z^2 - y^2 + \frac{1}{2}(h - k)}{yz}$$

$$U = -\frac{z^2 - x^2 + \frac{1}{2}(g - k)}{xz}$$

$$V = -\frac{x + y^2 - \frac{1}{2}(g + h)}{xy},$$

on a donc

$$\frac{[z^2 - y^2 + \frac{1}{2}(h - k)]^2}{y^2 z^2} + \frac{[z^2 - x^2 + \frac{1}{2}(g - k)]^2}{x^2 z^2} -$$

$$\frac{[x^2 + y^2 - \frac{1}{2}(g + h)]^2}{x^2 y^2} -$$

$$\frac{[z^2 - y^2 + \frac{1}{2}(h - k)][z^2 - x^2 + \frac{1}{2}(g - k)][x^2 + y^2 - \frac{1}{2}(g + h)]}{x^2 y^2 z^2} + 4 = 0,$$

ou

$$x^2[z^2 - y^2 + \tfrac{1}{2}(h - k)]^2 + y^2[z^2 - x^2 + \tfrac{1}{2}(g - k)]^2 - z^2[x^2 + y^2 -$$
$$\tfrac{1}{2}(g + h)]^2 - [z^2 - y^2 + \tfrac{1}{2}(h - k)][z^2 - x^2 + \tfrac{1}{2}(g - k)]$$
$$[x^2 + y^2 - \tfrac{1}{2}(g + h)] + 4x^2y^2z^2 = 0,$$

qu'on peut écrire ainsi

$$x^2(z^2-y^2)^2+y^2(z^2-x^2)^2-z^2(x^2+y^2)^2-(z^2-y^2)(z^2-x^2)$$
$$(x^2+y^2)+4x^2y^2z^2+(h-k)x^2(z^2-y^2)+(g-k)y^2(z^2-x^2)+$$
$$(g+h)z^2(x^2+y^2)+\tfrac{1}{4}(h-k)^2x^2+\tfrac{1}{4}(g-k)^2y^2-\tfrac{1}{4}(g+h)^2z^2-$$
$$\tfrac{1}{2}(h-k)(z^2-x^2)(x^2+y^2)-\tfrac{1}{2}(g-k)(z^2-y^2)(x^2+y^2)+$$
$$\tfrac{1}{2}(g+h)(z^2-x^2)(z^2-y^2)-$$
$$\tfrac{1}{4}(h-k)(g-k)(x^2+y^2)+\tfrac{1}{4}(h-k)(g+h)(z^2-x^2)+$$
$$\tfrac{1}{4}(g-k)(g+h)(z^2-y^2)+\tfrac{1}{8}(h-k)(g-k)(g+h)=0.$$

Les termes du sixième degré se détruisent, car ils donnent

$$x^2z^4-2x^2y^2z^2+x^2y^4+y^2z^4-2x^2y^2z^2+x^4y^2-$$
$$x^4z^2-2x^2y^2z^2-y^4z^2-x^2z^4-y^2z^4+$$
$$x^4z^2+2x^2y^2z^2+y^4z^2-x^4y^2-x^2y^4+4x^2y^2z^2=0$$

identiquement, il reste

$$\tfrac{1}{2}(h-k)(2x^2z^2-2x^2y^2-x^2z^2-y^2z^2+x^4+x^2y^2)+$$
$$\tfrac{1}{2}(g-k)(2y^2z^2-2x^2y^2-x^2z^2-y^2z^2+x^2y^2+y^4)+$$
$$\tfrac{1}{2}(g+h)(2x^2z^2+2y^2z^2+z^4-x^2z^2-y^2z^2+x^2y^2)+$$
$$\tfrac{1}{4}(h-k)(h-k-g+k-g-h)x^2+$$
$$\tfrac{1}{4}(g-k)(g-k-h+k-g-h)y^2-$$
$$\tfrac{1}{4}(g+h)(g+h-h+k-g+k)z^2+$$
$$\tfrac{1}{8}(h-k)(g-k)(g+h)=0,$$

ou

$$\tfrac{1}{2}(h-k)(x^2z^2-x^2y^2-y^2z^2+x^4)+$$
$$\tfrac{1}{2}(g-k)(y^2z^2-x^2y^2-x^2z^2+y^4)+$$
$$\tfrac{1}{2}(g+h)(x^2z^2+y^2z^2+x^2y^2+z^4)-$$
$$\tfrac{1}{2}(h-k)gx^2-\tfrac{1}{2}(g-k)hy^2-\tfrac{1}{2}(g+h)kz^2+$$
$$\tfrac{1}{8}(h-k)(g-k)(g+h)=0;$$

c'est-à-dire,

$$\tfrac{1}{2}(h-k)x^4+\tfrac{1}{2}(g-k)y^4+\tfrac{1}{2}(g+h)z^4+$$

$$\tfrac{1}{2}(g+h+g-k-h+k)y^2z^2+$$
$$\tfrac{1}{2}(g+h-g+k+h-k)\,x^2z^2+$$
$$\tfrac{1}{2}(g+h-g+k-h+k)\,x^2y^2-$$
$$\tfrac{1}{2}(h-k)\,gx^2-\tfrac{1}{2}(g-k)\,hy^2-\tfrac{1}{2}(g+h)\,kz^2+$$
$$\tfrac{1}{8}(h-k)(g-k)(g+h)=0,$$

qui se réduit à

$$\tfrac{1}{2}(h-k)\,x^4+\tfrac{1}{2}(g-k)\,y^4+\tfrac{1}{2}(g+h)\,z^4+$$
$$gy^2z^2+hx^2z^2+kx^2y^2-$$
$$\tfrac{1}{2}(h-k)\,gx^2-\tfrac{1}{2}(g-k)\,hy^2-\tfrac{1}{2}(g+h)\,kz^2+$$
$$\tfrac{1}{8}(h-k)(g-k)(g+h)=0;$$

mais

$$g=\frac{c^2+b^2}{c^2-b^2},\quad h=\frac{a^2+c^2}{a^2-c^2},\quad k=\frac{a^2+b^2}{a^2-b^2},$$

donnent

$$\tfrac{1}{2}(h-k)=\tfrac{1}{2}\,\frac{a^4-a^2b^2+a^2c^2-b^2c^2-a^4+a^2c^2-a^2b^2+b^2c^2}{(a^2-c^2)(a^2-b^2)}=$$
$$\frac{a^2(c^2-b^2)}{(a^2-c^2)(a^2-b^2)},$$

$$\tfrac{1}{2}(g-k)=\tfrac{1}{2}\,\frac{a^2c^2+a^2b^2-b^2c^2-b^4-a^2c^2-b^2c^2+a^2b^2+b^4}{(c^2-b^2)(a^2-b^2)}=$$
$$\frac{b^2(a^2-c^2)}{(c^2-b^2)(a^2-b^2)},$$

$$\tfrac{1}{2}(g+h)=\tfrac{1}{2}\,\frac{a^2c^2+a^2b^2-c^4-b^2c^2+a^2c^2+c^4-a^2b^2-b^2c^2}{(c^2-b^2)(a^2-c^2)}=$$
$$\frac{c^2(a^2-b^2)}{(c^2-b^2)(a^2-c^2)},$$

En substituant ces valeurs dans l'équation ci-dessus, en y remplaçant x^2 par $\dfrac{x^2}{c^2-b^2}$, y^2 par $\dfrac{y^2}{a^2-c^2}$, z^2 par

$\frac{z^2}{a^2-b^2}$, et en la multipliant par

$(c^2-b^2)(a^2-c^2)(a^2-b^2)$,

elle devient

$$a^2x^4+b^2y^4+c^2z^4+$$
$$(c^2+b^2)y^2z^2+(a^2+c^2)x^2z^2+(a^2+b^2)x^2y^2-$$
$$a^2(c^2+b^2)x^2-b^2(a^2+c^2)y^2-c^2(a^2+b^2)z^2+a^2b^2c^2=0,$$

c'est-à-dire

$$(x^2+y^2+z^2)(a^2x^2+b^2y^2+c^2z^2)-a^2(c^2+b^2)x^2-$$
$$b^2(a^2+c^2)y^2-c^2(a^2+b^2)z^2+a^2b^2c^2=0,$$

équation qui est précisément celle qu'a donnée Fresnel.

§ IIIe. *Démonstration d'un Théorème dû à Fresnel, et dont il s'est servi pour déterminer la vitesse de la lumière suivant les rayons vecteurs de la surface de l'onde.*

Un des résultats les plus remarquables contenus dans le Mémoire de Fresnel, est une sorte de construction géométrique, par laquelle il rend indépendante de la considération des plans tangens la détermination de la surface de l'onde, en faisant dépendre les longueurs des deux rayons vecteurs, relatifs aux deux nappes de la surface, qui sont dirigés dans le même sens suivant une même droite, seulement de la situation de cette droite. C'est, en effet, la manière la plus directe de déterminer la surface de l'onde, de donner une idée nette de sa forme; et comme les longueurs de ces rayons vecteurs représentent réellement, ainsi que le démontre Fresnel, les vitesses de ce qu'on doit appeler les rayons de lumière suivant leurs directions, c'est à ces longueurs que se rapporte la démonstration de la construction de Huygens, appliquée à toutes les sortes de milieux, dont j'ai parlé au commencement de ce Mémoire. J'ai cru qu'il pouvait être utile de présenter celle qu'a donnée Fresnel pour la surface de l'onde sous la forme d'un théorème, dans l'énoncé duquel on ne fît point entrer la considération des diverses élasticités du milieu, mais seulement les vitesses des rayons suivant les différentes droites passant par le point d'où l'on suppose qu'émane la lumière. Alors il suffit, pour traduire ce théorème dans le système de l'émission, de remplacer l'expression de longueurs proportionnelles aux vitesses de la lumière, suivant ces droites, par celles-ci ; longueurs réciproquement proportionnelles aux vitesses de la lumière, suivant les mêmes droites ; mais alors il faut commencer par rendre indépendante de la considération des élasticités la définition des trois directions que j'ai désignées jusqu'à présent sous le nom de *directions des trois élasticités principales*, et que Fresnel désigne ordinairement sous celui d'*axes de la surface de l'élasticité*. Pour cela, je rappellerai quelques faits qu'on peut regarder comme des données des expériences, et en particulier de celles de Fresnel sur la topaze. On sait que l'axe unique du cristal d'Islande, autour duquel tous les phénomènes lumineux sont exactement les mêmes dans tous les sens, présente ces deux propriétés, 1° que le rayon qui le parcourt a toujours la même vitesse, quel que soit son plan de polarisation ; 2° que la lumière n'éprouve aucun changement de direction lorsqu'elle entre dans le cristal, ou en sort, par une face perpendiculaire à cet axe dans une direction qui soit elle-même perpendiculaire à cette face, et par conséquent parallèle à l'axe. On sait aussi que toute droite perpendiculaire à cet axe n'offre que la dernière de ces deux propriétés, mais que le rayon qui la parcourt est réellement composé de deux rayons polarisés à angles droits dans des directions déterminées, dont les vitesses sont différentes, puisque le rayon se divise en deux autres lorsqu'il sort du cristal par une face oblique, après avoir parcouru une de ces droites. Dans les cristaux où les lois de la double réfraction sont plus compliquées, et qu'on désigne ordinairement sous le nom de *cristaux à deux axes optiques*, ces deux propriétés ne sont jamais réunies pour un même axe, mais se présentent séparément dans deux espèces d'axes très-différentes l'une de l'autre.

La première propriété, celle de n'admettre qu'une seule vitesse dans tout rayon qui parcourt un axe de la première espèce, se retrouve seulement dans deux directions formant entre elles un angle variable. Ces deux directions sont ce qu'on nomme les *axes optiques du cristal*, et je continuerai à les désigner sous ce nom. La vitesse unique de la lumière dans chacun des axes optiques est la même pour tous deux; c'est une quantité dont la considération est très-importante, et que je nommerai la *vitesse moyenne*; je la désignerai par c. La seconde propriété n'existe pas pour ces axes, la lumière entrant dans le cristal ou en sortant par une face perpendiculaire à l'un d'eux dans une direction qui soit elle-même perpendiculaire à cette face, et par conséquent parallèle à l'axe, se divise constamment en deux rayons polarisés à angles droits. On peut voir, dans le Mémoire de Fresnel, la cause de cette division d'un rayon qui semble unique, parce que les deux rayons dont il est réellement composé ont la même vitesse, et ne diffèrent que parce qu'ils sont polarisés suivant deux plans différens. Mais cette seconde propriété que le cristal d'Islande présente, et pour son axe, et pour toute droite perpendiculaire à cet axe, a lieu pour les cristaux à deux axes optiques dans trois directions rectangulaires entre elles, qui sont celles des trois axes de la surface d'élasticité de Fresnel, et que, pour éviter, autant qu'il est possible, les dénominations qui n'ont de sens que dans le système des vibrations, j'appellerai les axes de cristallisation. La lumière entre dans le cristal et elle en sort par les faces perpendiculaires à ces axes, dans des directions qui leur sont parallèles, sans éprouver aucun changement de direction; mais elle a, suivant chacun d'eux, deux vitesses différentes, car elle se divise en deux rayons polarisés à angles droits, suivant deux directions différentes, lorsqu'après avoir parcouru dans le cristal un de ces axes, elle en sort par une face oblique.

C'est sur l'un de ces trois axes que les deux vitesses dont est susceptible la lumière qui le parcourt, sont la plus grande et la plus petite de toutes les vitesses qu'elle peut avoir dans le cristal; je le nommerai l'*axe principal de cristallisation*, et je désignerai par a la vitesse *maximum*, et par b la vitesse *minimum*, qui ont lieu suivant cet axe.

Sa direction est perpendiculaire au plan des deux axes optiques.

Les deux autres axes de cristallisation sont dans ce

dernier plan, et divisent en deux parties égales les quatre angles formés par les deux directions des axes optiques.

Les deux vitesses dont la lumière qui parcourt ces deux axes de cristallisation est susceptible, sont pour l'un d'eux la vitesse *maximum* a, et la vitesse moyenne c; pour l'autre, la vitesse *minimum* b, et la vitesse moyenne c. Ces préliminaires posés, le théorème dont j'ai parlé au commencement de ce paragraphe peut s'énoncer ainsi :

Si l'on porte, sur chacun des trois axes de cristallisation de part et d'autre du point O d'où la lumière s'émane, deux longueurs proportionnelles à celles des trois vitesses a, b, c, dont la lumière n'est pas susceptible suivant cet axe, c'est-à-dire, en représentant ces longueurs par les mêmes lettres que les vitesses auxquelles elles sont proportionnelles, deux longueurs OC, OC' égales à c sur l'axe moyen, où la lumière est susceptible des deux vitesses a et b; deux longueurs OB, OB' égales à b sur l'axe de cristallisation où ont lieu les deux vitesses a et c, et deux longueurs OA, OA' égales à a sur l'axe où la lumière prend les deux vitesses b et c, on pourra construire sur les trois droites $AA'=2a$, $BB'=2b$, $CC'=2c$, ainsi déterminées, et qui ont toutes trois leurs milieux au point O, un ellipsoïde dont elles soient les trois axes; alors, pour avoir les deux vitesses dont la lumière est susceptible, suivant une droite quelconque passant par le point O, il faudra mener par ce point un plan perpendiculaire à la droite; il formera dans l'ellipsoïde une section elliptique, dont les deux demi-axes représenteront les deux vitesses de la lumière suivant le rayon, c'est-à-dire qu'ils seront à ces vitesses dans le même rapport que les longueurs des demi-axes a, b, c de l'ellipsoïde le sont aux vitesses, deux sur chacun des axes, que nous avons désignées par les mêmes lettres. On voit qu'en supposant ce théorème démontré, il suffit pour construire la surface de l'onde de porter sur la direction de chaque rayon, de part et d'autre du point O, les longueurs des deux demi-axes de la section faite dans l'ellipsoïde par le plan mené par le point O perpendiculairement à la direction de ce rayon. Il ne paraît pas que Fresnel ait jamais songé à démontrer complètement ce théorème sur lequel repose la construction que je viens d'expliquer. Il dit, à la page 136 de son Mémoire, qu'après être parvenu à l'équation de la surface de l'onde, en déterminant d'abord l'intersection de cette surface avec les trois plans coordonnés, il avait ensuite remarqué que la surface résultant de cette construction présentait le même caractère, ce qui le conduisit, par un calcul très-simple qu'il donne à la page suivante, à en déduire précisément l'équation que la considération des intersections lui avait donnée; et comme il vérifia, ainsi qu'on l'a vu plus haut, que cette équation satisfaisait à une des combinaisons des trois équations entre x, y, z, p, q, qui contenaient l'équation de la surface de l'onde, il en conclut que les valeurs des vitesses données par cette construction étaient exactes. Outre que cette marche était tout-à-fait indirecte, elle ne pouvait être concluante qu'en supposant l'exactitude de l'équation de la surface de l'onde qui, comme nous l'avons déjà dit, ne pouvait pas être regardée comme complètement démontrée. Aujourd'hui qu'elle l'est par le calcul des deux premiers paragraphes de ce Mémoire, il est facile d'en déduire directement la démonstration du théorème et de la construction qui en résulte.

D'abord, en nommant w la vitesse suivante le rayon vecteur mené du point O au point de la surface de l'onde, dont les coordonnés sont x, y, z, vitesse qui est représentée par la longueur de ce rayon, et en désignant par λ, μ, ν, les angles de sa direction avec les axes de cristallisation, on a

$$x = w\cos\lambda,\ y = w\cos\mu,\ z = w\cos\nu;$$

et en substituant ces valeurs dans l'équation de la surface de l'onde entre x, y, z, on trouve

$$(a^2\cos^2\lambda + b^2\cos^2\mu + c^2\cos^2\nu)\,w^4 - [(b^2+c^2)\,a^2\cos^2\lambda + (a^2+c^2)\,b^2\cos^2\mu + (a^2+b^2)\,c^2\cos^2\nu]\,w^2 + a^2b^2c^2 = 0,$$

qu'on peut regarder, ainsi que le remarque Fresnel, comme l'équation polaire de la surface de l'onde.

Nommons t, u, v, les coordonnés d'un point quelconque de la section faite dans la surface de l'ellipsoïde, dont l'équation est

$$\frac{t^2}{a^2} + \frac{u^2}{b^2} + \frac{v^2}{c^2} = 1,$$

d'où

$$c^2 = \frac{c^2t^2}{a^2} + \frac{c^2u^2}{b^2} + v^2,$$

par le plan perpendiculaire à la droite w qui forme avec les trois axes les angles λ, μ, ν; ce plan ayant pour équation

$$t\cos\lambda + u\cos\mu + v\cos\nu = 0;$$

on aura entre t, u, v ces deux équations, et, en désignant par r le demi-diamètre de la section elliptique, qui est la distance du centre O de l'ellipsoïde au point dont t, u, v sont les coordonnées,

$$r^2 = t^2 + u^2 + v^2,$$

d'où il suit que

$$r^2 - c^2 = \frac{a^2 - c^2}{a^2} t^2 + \frac{b^2 - c^2}{b^2} u^2.$$

Pour que le demi-diamètre r devienne un des demi-axes de cette section, il faut que sa valeur soit un *maximum* ou un *minimum*, ce qui donne

$$b^2 (a^2 - c^2) t dt = - a^2 (b^2 - c^2) u du,$$

et

$$t dt + u du + v dv = 0;$$

mais

$$dv = - \frac{\cos\lambda}{\cos\nu} dt - \frac{\cos\mu}{\cos\nu} du,$$

ainsi

$$(t \cos\nu - v \cos\lambda) dt = - (u \cos\nu - v \cos\mu) du;$$

on a donc

$$\frac{\cos\nu - \frac{v}{t}\cos\lambda}{b^2 (a^2 - c^2)} = \frac{\cos\nu - \frac{v}{u}\cos\mu}{a^2 (b^2 - c^2)}.$$

Si l'on multiplie ces deux fractions en haut et en bas, la première par t^2, la seconde par u^2, et qu'on ajoute ensuite leurs deux numérateurs et leurs deux dénominateurs, on aura une nouvelle fraction égale aux deux précédentes, qui sera

$$\frac{t^2\cos\nu+u^2\cos\nu-v\,(t\cos\lambda+u\cos\mu)}{b^2(a^2-c^2)t^2+a^2(b^2-c^2)u^2}=\frac{r^2\cos\nu}{a^2b^2(r^2-c^2)},$$

d'où il suit que

$$\cos\nu-\frac{v}{t}\cos\lambda=\frac{(a^2-c^2)\,r^2\cos\nu}{a^2\,(r^2-c^2)},$$

et que

$$\cos\nu-\frac{v}{u}\cos\mu=\frac{(b^2-c^2)\,r^2\cos\nu}{b^2\,(r^2-c^2)};$$

de là

$$\frac{v}{t}=\frac{\cos\nu}{\cos\lambda}-\frac{(a^2-c^2)\,r^2\cos\nu}{a^2\,(r^2-c^2)\cos\lambda}=\frac{c^2\,(r^2-a^2)\cos\nu}{a^2\,(r^2-c^2)\cos\lambda}=\frac{\frac{c^2\cos\nu}{r^2-c^2}}{\frac{a^2\cos\lambda}{r^2-a^2}},$$

$$\frac{v}{u}=\frac{\cos\nu}{\cos\mu}-\frac{(b^2-c^2)\,r^2\cos\nu}{b^2\,(r^2-c^2)\cos\mu}=\frac{c^2(r^2-b^2)\cos\nu}{b^2(r^2-c^2)\cos\mu}=\frac{\frac{c^2\cos\nu}{r^2-c^2}}{\frac{b^2\cos\mu}{r^2-b^2}},$$

$$\frac{u}{t}=\frac{b^2\,(r^2-a^2)\cos\mu}{a^2\,(r^2-b^2)\cos\lambda}=\frac{\frac{b^2\cos\mu}{r^2-b^2}}{\frac{a^2\cos\lambda}{r^2-a^2}},$$

et par conséquent

$$t:u:v::\frac{a^2\cos\lambda}{r^2-a^2}:\frac{b^2\cos\mu}{r^2-b^2}:\frac{c^2\cos\nu}{r^2-c^2}.$$

Ces trois quantités sont donc entre elles comme les cosinus des angles α, β, γ, que le demi-axe r fait avec ceux de l'ellipsoïde, d'où il suit que ce demi-axe est la direction de la force qui résulterait d'un déplacement opéré dans la direction dont les cosinus sont

$$\frac{\cos\lambda}{r^2-a^2},\ \frac{\cos\mu}{r^2-b^2},\ \frac{\cos\nu}{r^2-c^2}.$$

Si nous nous rappelons maintenant que le demi-axe de la section elliptique, demi-axe dont nous avons désigné la longueur par r, est perpendiculaire à la droite donnée qui forme, avec les mêmes axes, les angles λ, μ, ν, ce qui nous a fourni l'équation

$$t\cos\lambda+u\cos\mu+v\cos\nu=0,$$

nous trouverons, pour l'équation qui détermine r,

$$\frac{a^2\cos^2\lambda}{r^2-a^2}+\frac{b^2\cos^2\mu}{r^2-b^2}+\frac{c^2\cos^2\nu}{r^2-c^2}=0,$$

ou

$$(r^2-b^2)(r^2-c^2)\,a^2\cos^2\lambda+(r^2-a^2)(r^2-c^2)\,b^2\cos^2\mu+$$
$$(r^2-a^2)(r^2-b^2)\,c^2\cos^2\nu=0,$$

c'est-à-dire

$$(a^2\cos^2\lambda+b^2\cos^2\mu+c^2\cos^2\nu)r^4-\left[(b^2+c^2)\,a^2\cos^2\lambda+\right.$$
$$\left.(a^2+c^2)\,b^2\cos^2\mu+(a^2+b^2)c^2\cos^2\nu\right]r^2+a^2b^2c^2=0,$$

parce que $\cos^2\lambda+\cos^2\mu+\cos^2\nu=1$.

Cette équation du quatrième degré en r étant identique à l'équation du même degré en w que nous avons trouvée plus haut, il s'ensuit que les quatre valeurs de r, égales et de signes contraires deux à deux, sont égales à celles de w pour les mêmes valeurs de λ, μ, ν, c'est-à-dire pour un même rayon; ce qui est précisément le théorème qu'il s'agissait de démontrer.

Puisque l'ellipsoïde qui donne les deux vitesses de la lumière suivant un rayon, par les deux axes de la section diamétrale faite par un plan perpendiculaire à ce rayon, a pour équation

$$\frac{x^2}{a^2}+\frac{y^2}{b^2}+\frac{z^2}{c^2}=1,$$

ses intersections avec les trois plans coordonnés sont les ellipses qu'on trouve en faisant successivement dans cette équation

$$x=0,\ y=0,\ z=0,$$

ce qui donne, pour les équations de ces ellipses,

Sur le plan des yz, $c^2y^2+b^2z^2-b^2c^2,=0$,
Sur le plan des xz, $c^2x^2+a^2z^2-a^2c^2=0$,
Sur le plan des xy, $b^2x^2+a^2y^2-a^2b^2=0$.

En faisant de même successivement $x=0$, $y=0$, $z=0$, dans l'équation de la surface de l'onde

$$(x^2+y^2+z^2)(a^2x^2+b^2y^2+c^2z^2)-(b^2+c^2)a^2x^2-$$
$$(a^2+c^2)b^2y^2-(a^2+b^2)c^2z^2+a^2b^2c^2=0,$$

on trouve que cette surface coupe chacun des plans coordonnés dans un cercle et une ellipse dont les équations sont

pour le plan des yz, $\left\{\begin{array}{l} y^2+z^2-a^2=0, \\ b^2y^2+c^2z^2-b^2c^2=0, \end{array}\right.$

pour le plan des xz, $\left\{\begin{array}{l} x^2+z^2-b^2=0, \\ a^2x^2+c^2z^2-a^2c^2=0, \end{array}\right.$

pour le plan des xy, $\left\{\begin{array}{l} x^2+y^2-c^2=0, \\ a^2x^2+b^2y^2-a^2b^2=0, \end{array}\right.$

d'où il suit, pour chacun de ces plans, 1° que l'intersection elliptique de la surface de l'onde et celle de l'ellipsoïde sont la même ellipse, mais retournée de manière que le grand axe d'une des intersections soit sur le petit axe de l'autre, et réciproquement; 2° que l'intersection circulaire a pour rayon la moitié de celui des axes de l'ellipsoïde qui est perpendiculaire au plan de cette section circulaire. On voit que, si sur les trois axes de l'ellipsoïde, pris successivement pour diamètres, on décrit trois surfaces sphériques qui touchent la surface de l'ellipsoïde à ses sommets, les trois intersections circulaires de la surface de l'onde avec les trois plans coordonnés se trouveront parmi celles des trois surfaces sphériques; que la surface de l'onde touchera chacune de ces surfaces dans un de ses grands cercles, et que ce sera sur la surface sphérique du diamètre moyen que seront situés les points multiples de la surface de l'onde où se réunissent ses deux nappes, en sorte que la nappe extérieure de la surface sera comprise entre la plus grande surface sphérique et la moyenne, et que la nappe intérieure le sera entre cette dernière et la plus petite surface sphérique.

FIN.

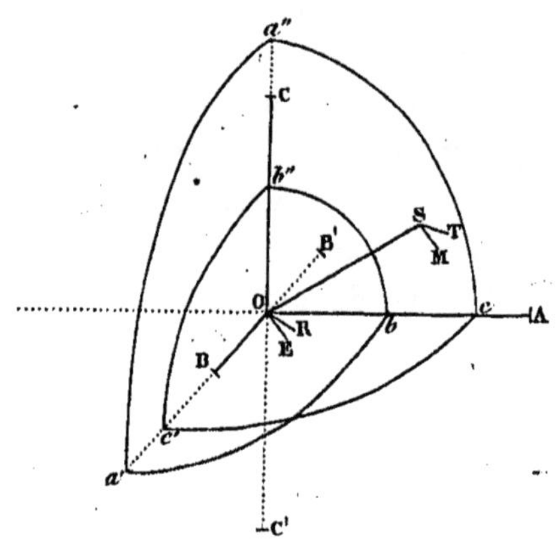

a"
C
b"
S
T
B'
M
O
b
c
A
R
B
E
c'
a'
C'

Contraste insuffisant

NF Z 43-120-14

www.ingramcontent.com/pod-product-compliance
Ingram Content Group UK Ltd.
Pitfield, Milton Keynes, MK11 3LW, UK
UKHW020401250726
13967UKWH00005B/2412

9 782011 942821